Friederike Wilhelmi

Was ist wahr?!

Welcher Vogel hat die meisten Federn?

Illustrationen von Rolf Vogt

arsEdition

Bibliografische Information Der Deutschen Bibliothek

Die Deutsche Bibliothek verzeichnet diese Publikation in der Deutschen Nationalbibliografie; detaillierte bibliografische Daten sind im Internet über http://dnb.ddb.de abrufbar.

5 4 3 2 1 09 08 07 06

ISBN-13: 978-3-7607-4894-8
ISBN-10: 3-7607-4894-5

www.arsedition.de

Inhalt

Welcher Pilz ist am giftigsten?

a) Der »Kahle Krempling« sieht so unappetitlich aus, dass weder Tier noch Mensch ihn jemals essen würden. Und das ist gut so, denn wer seine grüngrau schleimige Oberfläche auch nur mit der Zungenspitze berührt, stirbt innerhalb von wenigen Sekunden.1989 verlor ein Bauer aus Südtirol seine gesamte Rinderherde, weil einer dieser seltenen Pilze ins Heu gelangt war.

b) 90 % aller tödlichen Pilzvergiftungen muss der »Grüne Knollenblätterpilz« auf seine Kappe nehmen. Da er leicht zu verwechseln ist, landet er des Öfteren versehentlich in der Pilzsuppe. Das eine oder andere Mal soll er aber auch schon als Mordwaffe verwendet worden sein!

c) Weil die Vogelspinne keine eigenen Giftdrüsen besitzt, zapft sie nach jeder Mahlzeit an einer Art Gifttankstelle, dem »Grauen Kreuzbandpilz«. Als Gegenleistung verteilt die Spinne seine Sporen, die in ihren haarigen Beinen hängen bleiben.

Richtig ist Antwort b)

Jedes Jahr sterben Menschen, nachdem sie sich aus selbst gesammelten Pilzen eine Mahlzeit gekocht haben. Schuld daran ist in den meisten Fällen der »Grüne Knollenblätterpilz«. Mit seiner weißen, manchmal nur ganz zart grünlichen Kappe und seinem süßlichen Geruch ist er leicht mit einem Wiesenchampignon zu verwechseln. Dieser köstliche Speisepilz hat nämlich auch oft einen knolligen, nach unten dicker werdenden Stiel. Der einzige sichere Unterschied sind die Lamellen, das sind die feinen senkrecht stehenden Häutchen auf der Unterseite des Hutes. Beim Champignon sind sie rosa oder bräunlich gefärbt. Der »Grüne Wulstling«, wie der Knollenblätterpilz auch manchmal genannt wird, hat dagegen weiße Lamellen. Schon ein kleines Stückchen des Pilzes kann tödliche Folgen haben. Wer sich nicht wirklich auskennt, sollte sich seine Pilze also lieber im Laden kaufen!

Wo gab es den ersten Zoo?

a) Am 1.1.1000 öffneten sich die Pforten des Aachener Tiergartens, in dem sich zu diesem Zeitpunkt genau tausend verschiedene Tierarten tummelten. Dieser Park war das Geschenk Kaiser Karls des Großen an sein Volk, um das beginnende neue Jahrtausend gebührend zu feiern. Der Welt schenkte er damit den ersten zoologischen Garten.

b) Ein schriftlicher Beleg für den ersten Tierpark der Welt fand sich bei Ötzi, einer der berühmtesten Mumien. Der Mann war offensichtlich auf dem Rückweg vom Bozener Zoo, als er für die nächsten 5000 Jahre im Schnalstaler Gletscher festfror. In seiner gut erhaltenen Jackentasche steckte noch die Eintrittskarte aus Wachs.

c) Der sagenumwobene König Schulgi schmückte vor über 4000 Jahren seine Hauptstadt Ur in Mesopotamien nicht nur mit Tempelbauten und Gartenanlagen, sondern auch mit dem ersten Tierpark der Welt.

Richtig ist Antwort c)

Während sich heute »die Reichen und Schönen« mit teuren Autos oder Privatflugzeugen schmücken, taten sie sich vor über 4000 Jahren mit seltenen Tieren aus fremden Ländern hervor.

Der sumerische König Schulgi regierte um 2050 v. Chr. in Mesopotamien, dem heutigen Irak. Es wird erzählt, dass er exotische Tiere sammelte und in seiner Gartenanlage ausstellte. Dieser erste Zoo der Welt war vermutlich aber nicht für jedermann zugänglich.

Erst die Französische Revolution (1789–1794) sorgte dafür, dass nicht nur die Reichen und Adligen in den Genuss eines Tierparks kamen, sondern auch der Rest der Bevölkerung. Tierparkanlagen, wie zum Beispiel die Pfaueninsel bei Potsdam, standen endlich allen offen.

Den zoologischen Garten, wie wir ihn heute kennen, gibt es erst seit 1907. Carl Hagenbeck gründete in Hamburg den ersten Tierpark, in dem die Tiere in möglichst naturgetreuen Gehegen leben.

Wo findet man die älteste Malerei?

a) Während eines Unwetters wurde 2001 eine kleine bemalte Glasscherbe an die Küste Sardiniens gespült. Bei der Analyse dieser Scherbe machten Wissenschaftler eine sensationelle Entdeckung: Das Fundstück ist mehr als 20 000 Jahre alt und stammt wahrscheinlich aus einem Kirchenfenster der versunkenen Stadt Atlantis.

b) Manche Dinosaurierarten waren auf einer höheren Entwicklungsstufe, als bisher angenommen. Auf den über 100 000 Jahre alten Schädelknochen einiger Skelette wurden Ornamente und Verzierungen entdeckt. Vermutlich handelt es sich dabei um eine Art Totenkult, den die affenähnlichen Dinosaurier selber betrieben.

c) Als älteste Malerei der Welt gilt ein ca. 30 000 Jahre altes Bruchstück eines Steingewölbes in Frankreich. Darauf ist nicht viel mehr zu sehen als ein Pferdebauch.

Richtig ist Antwort c)

Zwei senkrechte Striche und ein flaches U – eigentlich ist auf der vermutlich ältesten Malerei der Welt nicht viel zu sehen. Trotzdem kann man sofort erahnen, dass der Künstler vor etwa 30 000 Jahren ein Pferd gemalt hat. Das Fragment, so nennt man Bruchstücke eines Kunstwerks, wurde in einem Felsüberhang in Frankreich gefunden.

In der Nähe befinden sich auch andere berühmte, aber etwas jüngere Höhlenmalereien. Wunderschön und gut erhalten sind zum Beispiel die Jagdszenen und Tierdarstellungen in den Höhlen von Lascaux.

Noch immer rätseln Forscher, zu welchem Zweck die Steinzeitmenschen diese Bilder gemalt haben. Manche sind nämlich so tief im Berg versteckt und liegen an so unzugänglichen Stellen, dass sie außer dem Künstler selber und den neugierigen Höhlenforschern unserer Zeit wohl nie jemand gesehen hat.

Welches Säugetier baut die größten Nester?

a) Im afrikanischen Regenwald sollte ein Kuckuck gut Acht geben, in wessen Nest er sein Ei legt, denn unter Umständen setzt sich ein zentnerschwerer Berggorilla darauf! Kaum zu glauben, aber wahr: Gorillas bauen sich nämlich richtig große Nester.

b) Hierzulande wohnen Meerschweinchen meist in kleinen Holzhäuschen aus der Zoohandlung. Die frei lebenden Verwandten der niedlichen Nager allerdings bauen in ihrer Heimat Papua-Neuguinea gewaltige Nester. Hier findet die ganze Kolonie, bis zu 150 Tiere, gemeinsam Platz.

c) Beinahe jedes Kind weiß, dass Delfine Säugetiere sind. Weitgehend unbekannt sind jedoch ihre Schlafgewohnheiten. Die klugen Meerestiere bauen sich über 2 m große Nester aus Algen in den Kronen der pazifischen Korallenriffwälder.

Richtig ist Antwort a)

Der größte Nestbaumeister unter den Säugetieren ist der Gorilla. Dabei braucht er meisterliches Geschick, denn das vogelnestähnliche Bauwerk aus Ästen und Zweigen muss eine ganze Menge Gewicht aushalten. So ein Gorilla kann nämlich bis zu 1,70 m groß werden und 180 kg auf die Waage bringen.

Die besonders schweren Silberrückenmännchen, so heißen die ausgewachsenen männlichen Tiere wegen ihrer silberweißen Rückenbehaarung, gehen deshalb auf Nummer Sicher und bauen sich ihr Bettchen lieber auf dem Boden und nicht im Baum. Das Nest hat ca. 1 m Durchmesser. In den ersten drei Lebensjahren dürfen die Kleinkinder mit hinein ins Erwachsenennest, danach müssen sie selber für ihre Nester sorgen.

Am Nachmittag geht die 5 bis 15 Affen starke Familie auf Nahrungssuche. Jeder Gorilla verspeist täglich bis zu 30 kg Beeren, Blätter und zur Nachspeise ein paar Ameisen. Noch vor der Dämmerung ist Zu-Bett-Geh-Zeit, denn am nächsten Morgen beginnen jeden Tag wieder die mühevollen Nest-Bauarbeiten. Kein Nest wird nämlich ein zweites Mal benutzt! Morgens wird gebaut, danach kommt das verdiente Mittagsschläfchen, anschließend die Nahrungssuche und am Abend die Nachtruhe. Und am nächsten Morgen beginnt alles wieder von vorne ...

Welcher ist der höchste Berg der Erde?

a) Der Mount St. Helen ist erst seit kurzer Zeit der höchste Berg der Erde. Als der bis dahin schlummernde Vulkan im Jahr 1980 ausbrach, lagerten sich erkaltete Lavamassen auf dem Gipfel ab und ließen den Berg um 400 Höhenmeter wachsen. Für den bislang eher unbekannten amerikanischen Bundesstaat Washington ist der junge Riese mit 8882 m eine willkommene Klettertouristen-Attraktion.

b) Wer möchte nicht mal den höchsten Berg der Welt besteigen? Auf dem 8850 m hohen Mount Everest herrscht so ein Andrang, dass sich die Gipfelstürmer schon Jahre im Voraus anmelden müssen.

c) Durch einen Schreibfehler galt der K2 in Pakistan jahrelang als zweithöchster Berg der Erde. Auf einer Satellitenaufnahme wurden 1999 die Schatten aller Achttausender verglichen: Der K2 ist nicht 8610 m, sondern 8910 m hoch und damit der höchste Berg der Welt.

Richtig ist Antwort b)

Der höchste Berg der Welt liegt zur einen Hälfte in Nepal, zur anderen in Tibet. Sein Gipfelgrat trennt die beiden Länder. Die Nepalesen nennen ihn »Göttinmutter der Welt«, in Tibet heißt er »Himmelskönig«. Dagegen klingt »Mount Everest«, sein offizieller Name, richtig unromantisch. Benannt wurde er nach dem Vermessungsbeauftragten George Everest.

Zu Beginn des 19. Jahrhunderts hatte Sir Everest damit begonnen, das Himalajagebirge zu vermessen. Aber erst seinem Nachfolger gelang es, die exakten Maße zu ermitteln. Das war gar nicht so einfach, schließlich gab es noch keine Satelliten und Lasermessgeräte. 1849 konnte das Ergebnis präsentiert werden. Der höchste Gipfel des Gebirgszuges liegt 8848 m über dem Meeresspiegel und ist damit der höchste Gipfel der Welt. Inzwischen sind es sogar 8850 m, denn jährlich kommen durch Bewegungen der Erdkruste, der so genannten Plattentektonik, 1 bis 2 cm dazu.

Welche Stadt hat die meisten Einwohner?

a) Wenn die zuständigen Behörden Recht haben, leben in Japans Hauptstadt Tokio 26 444 000 Menschen, mehr als in jeder anderen Stadt. Oder sind es doch 26 444 001? Bitte alle in einer Reihe aufstellen, wir wollen noch einmal nachzählen ...

b) Wer die Stadt mit den meisten Menschen besuchen will, wird keine Wolkenkratzer, sondern Dörfer vorfinden: Nosta illo sagfre Nostaggi. Das ist Russisch und heißt: »Ort der ungezählten Orte«. 30 Millionen Bürger leben in den 1758 Dörfern in Sibirien, dem äußersten Nordosten Russlands. Sie wurden aus organisatorischen Gründen zusammengefasst.

c) Über 1 Milliarde Einwohner drängeln sich in Antsville – mehr als ein Sechstel der Weltbevölkerung. Allerdings laufen sie auf sechs Beinen! Der weltweit größte Ameisenhaufen wurde 1986 vom König des Südsee-Inselstaates Tongobo ins Bürgerbuch aufgenommen. Das fleißige Völkchen hat sogar eine eigene Postleitzahl!

Richtig ist Antwort a)

Tokio, die japanische Hauptstadt, ist die Stadt mit der größten Einwohnerzahl. 1950, als in New York schon über 12 Millionen Menschen lebten, war die »östliche Hauptstadt«, so kann man das Wort »Tokio« übersetzen, ungefähr halb so groß, also fast noch ein Kuhdorf. Innerhalb von 25 Jahren hat sich die Zahl der Bürger dann jedoch verdreifacht. Damit ließ Tokio die 15 anderen großen Städte der Welt weit hinter sich.

Die genaue Einwohnerzahl dieser riesigen Städte festzustellen ist eigentlich kaum möglich, da ein Großteil der Menschen nicht gemeldet ist und in Elendsquartieren lebt. In Mexico-City gibt es zum Beispiel einen so genannten Slum mit über 4 Millionen Bewohnern, der aber in keinem Stadtplan zu finden ist!

Große Städte haben auch große Probleme zu bewältigen. Denn mit der Einwohnerzahl wachsen natürlich auch Verbrechen, Müll und Luftverschmutzung.

Welcher Vogel hat die meisten Federn?

a) Leider ist der Vogel mit den meisten Federn vor ca. 150 Millionen Jahren ausgestorben. Neben dem Skelett eines Archaeopteryx fand man ein Stück versteinerte Haut. Jeder einzelne Federbalg, das ist die Stelle, an der die Feder aus der Haut kommt, war gut zu erkennen. Aufgrund seiner Größe und Spannweite haben Experten errechnet, dass der fliegende Saurier mit ca. 18 000 Federn das Tier mit den meisten Federn war.

b) Die kubanische Hummelelfe ist mit ihren 6 cm nicht nur der kleinste, sondern auch der gefiedertste Vogel. Biologen konnten im schillernden Kleid des hübschen Kolibris über 40 000 Federn zählen. Um die teilweise nur staubkorngroßen Daunen zu erkennen, mussten sie sogar zum Mikroskop greifen.

c) Um sich vor dem kalten europäischen Winter zu schützen, hat sich der Schwan einen Daunenmantel aus über 25 000 Federn zugelegt. Er ist für seine Eleganz und seinen Gesang berühmt und wurde von vielen Dichtern und Komponisten verewigt. Dass er sich aber auch mit mehr Federn als jeder andere Vogel schmückt, weiß kaum jemand.

Richtig ist Antwort c)

Der Vogel mit den meisten Federn ist ganz in unserer Nähe zu finden. Bei einem Schwan wurden einmal 25 261 einzelne Federn gezählt. Somit ist der prächtige Wasservogel federführend unter dem Federvieh. Mit seinen weichen, gleichmäßig über die Haut verteilten Flaumfedern – auch Daunen genannt – und den äußeren Deck- bzw. Konturfedern schützt sich der Schwan vor Kälte und Wind, aber ebenfalls vor heißen Temperaturen.

Wenn ein Schwanenpaar Nachwuchs erwartet, wird gemeinsam das Nest gebaut und weich mit Daunen ausgepolstert. Nun darf niemand mehr dem brütenden Weibchen zu nahe kommen. Papa Schwan verteidigt seine zukünftige Familie, indem er drohend seine zahlreichen Federn aufplustert. Mit lautem Gezisch und bei Bedarf auch mit bösen Bissen vertreibt er jeden, der zu nahe kommt. Die anfangs unscheinbaren grauen Küken entwickeln erst nach einiger Zeit ihr elegantes weißes Federkleid.

Welche Pflanze wächst am schnellsten?

a) Wenn etwas besonders schnell wächst, sagt man oft, »es schießt wie Pilze aus dem Boden« – nicht ohne Grund: Der Gelbe Parasol wächst in einer Minute bis zu 3 cm! Da er dies, wie alle Pilze, am liebsten in feuchten Regennächten tut, wird er dabei selten beobachtet.

b) Mit einer Spitzengeschwindigkeit von 0,5 km in der Stunde breitet sich die »Megakilleralge« im Atlantischen Ozean aus. Die eigentlich für Aquarien gezüchtete, hübsche grüne Pflanze ist über die Kanalisation ins Meer gelangt und droht nun das ökologische Gleichgewicht zu zerstören.

c) Aus Bambus kann man Häuser, Möbel, Schiffe, Geschirr, Rohre, Seile, köstliche Speisen und Zahnstocher machen. Zum Glück wächst die für viele Menschen und Tiere lebensnotwendige Pflanze schnell nach: bis zu 120 cm am Tag!

Richtig ist Antwort c)

Ungefähr einmal in hundert Jahren blüht ein Bambuswäldchen, um im darauf folgenden Jahr zu sterben. Die so genannten Rhizome, eine Art Wurzelgeflecht, leben allerdings unterirdisch weiter. Nach einem 7-jährigen Dornröschenschlaf beginnt ein Wachstumswettbewerb. Die Halme des asiatischen Riesengrases schießen in die Höhe, bis zu 120 cm am Tag. Es geht so schnell, dass man den einzelnen Sprossen beim Wachsen zusehen – und sogar zuhören kann! In ca. 60 Tagen streckt sich die Pflanze leise knisternd zu einer Höhe von über 35 m, dann ist sie ausgewachsen. Und etwa 93 Jahre später wird das Bambuswäldchen dann einmal blühen ... und alles fängt wieder von vorne an.

Übrigens: Wenn man von einem Bambus einen Ableger nimmt und ihn am anderen Ende der Welt in die Erde setzt, wird er dennoch gleichzeitig mit der Mutterpflanze Blüten entwickeln und eingehen.

Welches ist das schnellste Tier?

a) Wer kennt nicht die Geschichte vom Hasen und vom Igel? Der Hase hetzt sich zu Tode und doch gewinnt der Igel das Wettrennen. Die Fabel hat einen wahren Hintergrund: Igel machen sich Gefälle zunutze und rollen weite Strecken zusammengekugelt bergab. Dabei erreichen sie Spitzengeschwindigkeiten bis zu 220 km in der Stunde.

b) Die einzige Katze, die auf Hundepfoten läuft, ist der Gepard. Mit seinen ledrigen Sohlen und den nicht einziehbaren Krallen, die wie Spikes funktionieren, beschleunigt er bei Sprints auf 120 km in der Stunde.

c) Eine tierische Höchstgeschwindigkeit von 182,5 km in der Stunde wurde in England bei einem Hunderennen gemessen. Die afghanische Windhunddame »Fast Lady« erzielte mit ihren Läufen von 1961 bis 1966 zahlreiche Preise.

Richtig ist Antwort b)

Auf kürzeren Strecken kann ein Gepard tatsächlich eine Geschwindigkeit von 120 km in der Stunde erreichen und ist damit der schnellste Läufer im Tierreich.

Sein schwarz gefleckter, schlanker Körper ist wie bei einem Windhund geformt. Seine Beine sind besonders lang und haben unempfindliche, schuppige Sohlen. Der runde Kopf mit den zwei auffälligen Linien von den Augen zur Schnauze ist eher klein. Damit dem Geparden bei seinen Sprints nicht die Puste ausgeht, hat er breitere Nasengänge und größere Lungen als andere Großkatzen.

Der Gepard fängt sich seine Lieblingsspeise, indem er sie einfach überrennt. Liegt das Opfer dann am Boden, drückt er ihm mit seinem kleinen Maul die Kehle zu und erstickt es. Nun darf bloß kein Löwe kommen: Der wird bei einem Wettlauf zwar mit Mühe nur halb so schnell, dafür hat er aber wesentlich schärfere Krallen und Zähne. Oft bleiben Geparden hungrig zurück, weil sie ihre Beute an Stärkere abtreten müssen.

Da zudem auch noch ihr Fell sehr begehrt ist und Geparden daher von Menschen gejagt und getötet werden, gibt es nur noch wenige tausend Geparden in der afrikanischen Savanne.

Wo liegt der tiefste See?

a) Der ostfriesische Monkersee hat eine Art doppelten Boden. Durch Zufall wurde 1984 entdeckt, dass der See unter einer Schlickschicht noch weitergeht. Allerdings ist es noch nicht gelungen, die wahre Tiefe des Sees zu messen, denn von den Tauchern, denen es gelang, sich durch die Schlickschicht zu wühlen, ist keiner je zurückgekehrt. Fossile Bakterien im Wasser lassen jedoch eine Gesamttiefe von mehr als 3 km erahnen. Damit ist er der tiefste See der Welt.

b) Mit 1470 m ist der Tanganjikasee in Tansania der tiefste Süßwassersee der Erde. In den Tiefen des wichtigsten Frischwasser-Reservoirs Afrikas ist der Regenbogenfisch zu Hause, den fast jedes Kind aus den bekannten Bilderbüchern kennt.

c) Der sibirische Baikalsee ist der älteste, siebtgrößte und mit 1741 m zugleich tiefste See der Welt. Im Winter wird seine über 1 m dicke Eisdecke von den Anwohnern gern als Straße genutzt. Auf diese Weise verkürzt sich die Fahrt ins gegenüberliegende Dorf erheblich.

Richtig ist Antwort c)

Vor über 25 Millionen Jahren begann sich der eurasische Kontinent zu bewegen. Dabei entstand quer durch Sibirien, im Osten Russlands, ein riesiger Riss, ein so genanntes Rift-Valley. Flüsse flossen in diese Absenkung und der 31 500 m^2 große und 1741 m tiefe Baikalsee entstand.

Wenn man den Stöpsel herausziehen und ihn ganz leer machen könnte, bräuchten alle Flüsse dieser Welt fast ein Jahr, um die 23 600 Milliarden m^3 (Kubikmeter) Wasser wieder aufzufüllen!

»Baj Kalj« ist Russisch und heißt übersetzt »Reicher See«. Und das ist kein Wunder, denn es gibt 1300 Tier- und Pflanzenarten, die ausschließlich am und im Baikalsee leben. In den mannshohen Schwammwäldern am stockdunklen Grund wohnt zum Beispiel der Golominka, ein großer durchsichtiger Fisch ohne Schuppen. Und an den Seeufern haust die kleine Baikal-Ringelrobbe, die einzige Süßwasserrobbe der Welt.

Was war die erste Comicfigur?

a) In einer Grabkammer der Cheopspyramide fand man neben der Mumie eines ägyptischen Prinzen den ersten Comic der Welt. Auf einer Papyrusrolle ist die Lebensgeschichte des Prinzen in Bildern dargestellt. Und auf einer Zeichnung wird er von seiner Mutter geschimpft – mittels einer Sprechblase! Daher wird dieser Fund als erster Comic gehandelt.

b) 1896 erschien zum ersten Mal regelmäßig eine kurze Comicgeschichte in einer amerikanischen Zeitung. Ihr Hauptdarsteller »Yellow Kid« (»Gelbes Kind«) wurde berühmt und Spezialisten bezeichnen ihn als den ersten Comichelden der Welt.

c) Wer annimmt, Comics stammen aus den USA, täuscht sich. 1855 versuchte ein französischer Lehrer seinen Schülern mit Comicgeschichten den Lateinunterricht schmackhaft zu machen. Auf diese Weise entstand das erste Asterix-Heft. Erst hundert Jahre später haben die Asterix-Geschichten die ganze Welt erobert.

Richtig ist Antwort b)

Bilder, die Geschichten erzählen, sind so alt wie die Menschheit. In den Höhlen der Steinzeitmenschen findet man gemalte Jagdszenen, bei den alten Römern wurden ganze Schlachten in Stein gemeißelt.

Es gibt sogar Vorläufer der Sprechblase: Auf manchen Darstellungen legte man Heiligen mit so genannten »Mundfahnen« Worte in den Mund.

Comicspezialisten halten allerdings die amerikanische Figur »Yellow Kid«, auf Deutsch »Gelbes Kind«, für den ersten richtigen »Comic Strip«. Das ist englisch und bedeutet »komischer Streifen«.

R. F. Outcaults zeichnete die lustigen Erlebnisse des kleinen, glatzköpfigen Jungen im gelben Nachthemd für eine amerikanische Zeitung. Sie erschienen ab 1896 regelmäßig viele Jahre lang.

Besonders erfreut über diese Bildergeschichten mit den Sprechblasen waren die Einwanderer, die nicht gut Englisch sprachen. Denn sie konnten den Comic leicht verstehen. »Yellow Kid« wurde ein Riesenerfolg, nur zwischen den Herausgebern entbrannte leider ein erbitterter Streit um die Urheberrechte.

Wann klingelte das erste Handy?

a) Das erste Handy klingelte 1952 bei der Premiere des Films »Silberzeh« in Hollywood. Der Hauptdarsteller, Geheimagent John Fond, trug ein als Zigarettenschachtel getarntes Mobiltelefon in der Anzugtasche. Dabei handelte es sich natürlich um eine Attrappe, denn damals gab es derartige Telefone noch gar nicht.

b) 1983 brachte die Firma Motorola ein Modell mit dem hübschen Namen »Dyna TAC 8000X« auf den amerikanischen Markt. Das wegen seiner Größe auch liebevoll »der Knochen« genannte Mobiltelefon gilt als das erste Handy der Welt.

c) Im Zweiten Weltkrieg machten sich die Franzosen die Übertragung von Schall durch Wasser zunutze. Die Kommandeure der U-Boot-Flotte konnten sich mittels eines so genannten Schallhandys im atlantischen Ozean unterhalten, allerdings nur bei einer Tiefe von mindestens 5000 m unter dem Meeresspiegel.

Richtig ist Antwort b)

Als Neil Armstrong 1969 die ersten Worte vom Mond an die Menschheit richtete, hatte der Direktor der Technologiefirma Motorola eine Idee: Auch auf der Erde wäre es von Vorteil, ohne Kabel telefonieren zu können! Aber erst nach 14-jähriger Entwicklungsarbeit und nachdem die Firma ca. 100 Millionen Dollar ausgegeben hatte, wurde der Traum Wirklichkeit.

Im Vergleich zu den heutigen Leichtgewichten war das Dyna TAC 8000X mit seinen 800 g ein schwerer Brocken. Und in der Hosentasche fand es bei einer Länge von über 30 cm auch keinen Platz. Aber immerhin konnte man das schnurlose Telefon mit sich herumtragen. Deswegen gilt es als das erste echte Handy der Welt.

Trotz des hohen Preises von fast 4000 Dollar hatte das amerikanische Mobilnetz nach einem Jahr schon 30 000 Teilnehmer.

Fast ein Jahrzehnt später hatten die mobilen Telefone auch Deutschland erobert. Während Anfang der neunziger Jahre das Telefonieren mit dem Handy noch Managern und Geschäftsleuten vorbehalten war, klingelt es heute sogar in zahlreichen Kinderzimmern.

Wie groß ist Deutschlands kleinste Schule?

a) Deutschlands kleinste Schule ist nicht größer als ein Lastwagen. Da auch Zirkuskinder unterrichtet werden müssen, hat der berühmte Circus Krone sogar eine eigene Lehrerin. Auf vier Rädern rollt das Klassenzimmer durch Deutschland und Europa.

b) Der Direktor der Grundschule Kleinhäuslingen in Franken hat sich für seine Schüler etwas Besonderes ausgedacht: Damit sich die Erstklässler in der neuen Umgebung nicht verloren fühlen, hat er das Schulhaus auf die Hälfte verkleinert. Was er allerdings zu bedenken vergaß: Die Lehrer müssen jetzt die Köpfe einziehen.

c) Die Fernsehsender ARD und ZDF haben eine Stiftung für Hochbegabte gegründet. Genau drei Schüler werden während ihrer gesamten Schulzeit von Professoren und Wissenschaftlern betreut. Für die staatlich anerkannte Schule steht ein Raum im Berliner Funkturm zur Verfügung.

Richtig ist Antwort a)

Die Kinder der Artisten und Angestellten des Circus Krone haben eine eigene winzige Schule in einem umgebauten Lastwagen. Auf dem Lehrplan der rund fünf Schüler stehen nicht Seiltanzen und Jonglieren, sondern Mathe, Deutsch und Sachkunde. Wie es auch früher auf dem Land üblich war, werden hier alle Jahrgangsstufen von einer Lehrerin gleichzeitig unterrichtet. Das rollende Klassenzimmer ist vom bayerischen Kultusminister als staatliche Schule anerkannt worden.

Was die Schülerzahlen angeht, können die Grund- und Hauptschulen der Nordseehalligen Gröde und Nordstrandischmoor miteinander um den Titel »kleinste Schule Deutschlands« wetteifern. In manchen Jahren sitzt dem Lehrer nur ein einziger Schüler gegenüber, je nachdem wie viele schulpflichtige Kinder es gerade gibt. Bei ca. 18 Inselbewohnern sind das meistens nicht viele. Abschreiben ist da ganz schön schwierig.

Wann wurde das erste Fahrrad gebaut?

a) Als der deutsche Forstmeister Carl von Drais 1817 zum ersten Mal seine selbst konstruierte zweirädrige Laufhilfe ausprobierte, wurde er ausgelacht. Seine Zuschauer konnten nicht ahnen, dass sie das erste Exemplar einer Jahrhunderterfindung sahen.

b) Von der Erfindung des Rades dauerte es nicht lange bis zur Entwicklung des ersten Fahrrades. Bei Ausgrabungen der vor etwa 2000 Jahren von Lavamasse verschütteten Stadt Pompeji fanden Archäologen das bisher älteste, allerdings etwas unhandliche Urfahrrad. Die Räder sind aus massiven Eichenscheiben, der Rahmen aus Marmor.

c) Es ist bekannt, dass die Römer im gallischen Krieg mit Elefanten die Alpen überquerten. Kaum jemand weiß allerdings, dass die Tiere hauptsächlich Fahrräder transportierten. Und die dienten den römischen Kriegern dazu, erfolgreich die Feinde zu überraschen und zu überrumpeln.

Richtig ist Antwort a)

Jahrelang tüftelte Carl von Drais an einem Fahrzeug, mit dem sich Menschen aus eigener Kraft fortbewegen konnten. Als Erstes entwickelte er ein Gestell mit vier Rädern, das auf den unebenen Wegen aber kaum zu benutzen war. Vor 200 Jahren waren die meisten Straßen nämlich noch nicht gepflastert und durch die schweren Ochsenfuhrwerke und Pferdekutschen stark zerfurcht.

Doch genau in diesen Furchen lag die Lösung! Ein hölzerner Rahmen mit zwei Rädern hintereinander, das vordere mit einer beweglichen Gabel zum Lenken, ein Sattel und eine Bremse – der findige Forstmeister hatte im Jahr 1817 das erste Laufrad der Geschichte gebaut. Mit dieser Laufhilfe konnte man gut in einer Spur fahren und wurde immerhin viermal so schnell wie ein Fußgänger.

Dieses Urmodell des Fahrrads wurde nach seinem Erfinder »Draisine« oder auch »Schnellfüßler« genannt.

Heutzutage kann man oft Miniatur-Draisinen auf unseren Straßen sehen. Die kleinen Holzfahrräder ohne Pedale sind als Fahrzeuge für Kleinkinder groß in Mode.

Welches Tier ist am längsten schwanger?

a) Die indische Elefantenkuh ist am längsten trächtig. Von der Befruchtung bis zur Geburt ihres Babys dauert es 2 Jahre – genau 8 Wochen mehr als bei ihrer großohrigen, afrikanischen Kollegin.

b) Bis sich die kleinen Alpensalamander in Mamas Bauch voll entwickelt haben, können schon mal 3 bis 4 Jahre vergehen. Gut Ding will Weile haben!

c) Weil ein Giraffenhals 40 Wirbel lang ist und weil sich beim Giraffenembryo in jedem Monat der Schwangerschaft genau ein Halswirbel bildet, bedeutet das 3 Jahre und 4 Monate Geduld üben für Mutter Giraffe.

Richtig ist Antwort b)

Während alle anderen Lurcharten, ob Molch, Gelbbauchunke oder Laubfrosch, ihre Eier in Gewässer legen, entwickeln sich die kleinen Alpensalamander ganz im Bauch der Mama. Denn der Alpensalamander lebt im Hochgebirge und dort sind die Seen und Bäche oft zugefroren. Gut geschützt vor Wind und Wetter schlüpfen im Bauch aus etwa 30 Eiern zwei Larven, die zuerst wie Kaulquappen über Kiemen atmen, die 28 übrigen Eier verspeisen und dann nach 3 bis 4 Wintern als vollständige Miniatursalamander auf die Welt kommen.

Je weiter oben auf dem Berg ein Alpensalamanderweibchen wohnt, desto länger ist es schwanger. Über 1400 m dauert die Schwangerschaft 38 Monate, in noch höheren Lagen können sogar 4 Jahre bis zur Geburt vergehen. Bei Kälte verlangsamt sich nämlich mit dem Stoffwechsel der Mutter auch das Wachstum der Babys.

Bei Salamanderwetter, so nennt man warmen Sommerregen im Gebirge, trauen sich die seidig schwarzen Lurchis unter ihren Steinverstecken hervor und lassen sich bewundern.

Wann flog zum ersten Mal ein Mensch?

a) Der römische Geschichtsschreiber Catull berichtet, dass die ägyptische Königin Kleopatra im Jahr 39 v. Chr. mit einer Art Hubschrauber zu einem Staatsempfang reiste. Vier Sklaven bewegten mittels einer Zahnradkonstruktion den Propeller. Die erste Flugmaschine der Welt konnte allerdings nicht höher als 50 cm über dem Boden fliegen.

b) 1783 bestiegen die Franzosen Jean-François Pilâtre de Rozier und Marquis de Arlandes einen Heißluftballon und schwebten damit 25 Minuten lang über Paris. Allerdings hatten sie dieses Flugexperiment zunächst an ein paar Tieren ausprobiert. Erst dann trauten sie sich selbst in die Luft zu steigen.

c) Als erster fliegender Mensch gilt der italienische Geistliche Piedro di Ballone. Nach zahlreichen Experimenten gelang es ihm, 1779 mit seinen selbst konstruierten Flügeln vom Boden abzuheben. Trotz der enormen Spannbreite von jeweils 2,5 m kam er nie weiter als 5 m. Als er sich schließlich bei seinen Flugexperimenten einen komplizierten Beinbruch zuzog, gab er auf.

Richtig ist Antwort b)

Der Traum vom Fliegen ist so alt wie die Menschheit. Eine griechische Sage erzählt von Ikarus, der mit selbst gebauten Flügeln in den Himmel stieg. Aber er hörte nicht auf die Warnung seines Vaters und flog zu nahe an die Sonne. Das Wachs, das die Federn seiner Flügel zusammenhielt, schmolz und Ikarus stürzte zu Tode.

Obwohl die meisten Menschen glaubten, der Himmel sei den Göttern vorbehalten, versuchten Einzelne immer wieder die Schwerkraft zu überwinden. Der Maler und Erfinder Leonardo da Vinci soll zum Beispiel Heilige aus Papier gebastelt haben. Er ließ sie zum Geburtstag des Papstes über einem Feuer in die Luft schweben. Das Prinzip: Heiße Luft ist leichter als kalte und steigt nach oben.

Auf diese Weise funktioniert auch der Heißluftballon, den die Brüder Montgolfier entwickelten. Ein Hammel, ein Hahn und eine Ente waren die ersten Testpiloten. Als die Tiere vom Ausflug in 2000 m Höhe unversehrt zurückkamen, trauten sich die ersten Menschen in den Korb. 1783 starteten Marquis de Arlandes und Pilâtre de Rozier zum ersten bemannten Flug der Welt.

Welche ist die teuerste Briefmarke?

a) Im 16. Jahrhundert wurde dem Kurier des Zaren eine kleine Papiermarke mit dem Porträt des Absenders auf die Stirn geklebt. So konnte der Empfänger sicher sein, dass der Überbringer der Nachricht tatsächlich im Auftrag des russischen Herrschers kam. Eine dieser Marken liegt im Petersburger Nationalmuseum. Ihr Wert gilt als unschätzbar.

b) Um sein Taschengeld aufzubessern, verkaufte ein kleiner schwedischer Junge alte Briefe aus Omas Erinnerungskiste an einen Händler. Für die Briefmarke »Tre Skilling Banco« bekam er 7 Kronen. Hundert Jahre später wurde dieselbe Marke für 1,7 Millionen Euro versteigert.

c) Mit einer Sondermarke aus bunten Brillanten und mit einem Rand aus Platin frankierte Scheich Abdul al Hambra die Postkarten an seine Lieblingsfrau. Ihr Wert wird ungefähr auf 2,1 Millionen Euro geschätzt.

Richtig ist Antwort b)

Wer 1653 in Paris einen Brief verschicken wollte, musste zuerst einen Papierstreifen der Stadtpost daran festnähen. Erst knapp 200 Jahre später kam ein Postmeister aus London auf den Gedanken, dass selbst klebende Quittungen die Zustellung von Briefen und Päckchen erheblich erleichtern würden.

Mit der ersten Briefmarke entstand auch die Philatelie, so nennt man die Briefmarkenkunde. Philatelisten aus aller Welt sammeln die kleinen Bildchen mit den meist gezahnten Rändern. Besonders beliebt sind dabei ganz seltene, alte Marken, die noch nicht gestempelt wurden.

Als seltenste und teuerste Briefmarke der Welt gilt die gelbe »Tre Skilling Banco« aus Schweden. 1855 wurden 91 000 Stück davon gedruckt. Dabei kam es zu einem Fehldruck und wenige wurden gelb statt grün.

Für das einzige erhaltene Exemplar aus diesem Fehldruck zahlte ein schwedischer Sammler 1996 bei einer Versteigerung 1,7 Millionen Euro. Gemessen am Gewicht ist das Papierstückchen auch der teuerste Gegenstand der Welt!

Welcher ist der älteste Vergnügungspark der Welt?

a) Seit über 400 Jahren quengeln Kinder aus Kopenhagen: »Bakken« – und wünschen sich damit einen Besuch im gleichnamigen ältesten Vergnügungspark der Welt.

b) 1802 eröffnete Arne Duplosen den Abenteuerspielplatz Legoland. Die Kinder konnten dort mit einem Steckbausystem aus Holz Hütten bauen. Die Bausteine wurden weltberühmt.

c) Im 17. Jahrhundert wurden schwer erziehbare französische Kinder auf eine einsame Insel im Atlantik gebracht. Sie sollten sich dort selbst versorgen und den Ernst des Lebens kennen lernen. Stattdessen erbauten sie aus eigener Kraft den heute noch existierenden Vergnügungspark »Ile des Jeux«.

Richtig ist Antwort a)

Als ältester Vergnügungspark der Welt gilt der »Bakken Klampenborg« bei Kopenhagen in Dänemark.

Im Jahr 1583 entdeckte man im königlichen Tiergarten in Klampenborg eine Quelle mit Heilwasser. Bald schon sprachen sich die Wunderkräfte dieses Wassers herum und zogen zahlreiche Besucher an. Mit den vielen Menschen kamen auch Gaukler, Musikanten und Schauspieler. Süßigkeitenhändler verkauften Zuckerstangen und es wurde das erste Karussell aufgebaut. Nach und nach entwickelte sich der Tierpark zum ersten Vergnügungspark für das Volk, und das ist er bis heute geblieben.

Sicherlich gibt es im 21. Jahrhundert andere Fahrgeschäfte als vor 400 Jahren. 150 verschiedene Attraktionen bietet der Park mittlerweile seinen kleinen Gästen, unter anderem eine Wildwasserbahn. Die 30 m hohe Holzachterbahn von 1932 ist inzwischen eine Antiquität.

Mit 250 Millionen Besuchern im Jahr gehört der älteste Vergnügungspark auch zu den zehn meistbesuchten der Welt.

Wie heißt die giftigste Spinne?

a) Die gefährlichste aller Spinnen ist die brasilianische Bombardierspinne. Sie streift mit einem Bein giftige Haare von ihrem Hinterleib und schleudert sie dann zielsicher auf ihre Beute. Das Opfer kann diesem Giftpfeilhagel kaum entkommen. Der einzige Nachteil: Frau Spinne muss nach der Jagd eine Zeit lang mit nacktem Popo herumlaufen.

b) Malmignatten – so heißen die europäischen Verwandten der Schwarzen Witwe – leben im Mittelmeerraum. 1998 wurde bei Restaurierungsarbeiten im Keller eines südfranzösischen Schlosses ein gruseliger Fund gemacht: Malmignatten, groß wie Vogelspinnen. Wissenschaftler gehen davon aus, dass schon der kleinste Biss den Tod bedeutet, sie ist die giftigste Spinne der Welt.

c) »Atrax robustus« klingt zwar eher wie ein Name für Scheuermilch, ist aber der lateinische Name für die australische Trichternetzspinne. Die unauffälligen Tierchen gehören zu den weltweit gefährlichsten Giftspinnen und haben schon zahlreiche Menschenleben auf dem Gewissen.

Richtig ist Antwort c)

34 000 verschiedene Spinnenarten krabbeln über unsere Erde. Alle haben acht Beine und sechs bis acht Augen. Die kleinste ist so groß wie der Punkt am Ende dieses Satzes und lebt auf der Insel Samoa. Die Goliath-Vogelspinne dagegen ist mit einer Beinspanne von bis zu 28 cm die größte.

Welche die giftigste von allen ist, lässt sich allerdings nicht so eindeutig sagen, denn auf unterschiedliche Art und Weise sind drei Spinnen gleich gefährlich: Die brasilianische Wanderspinne tötet eine Maus mit ihrem hoch konzentrierten Nervengift in wenigen Sekunden. Für größere Opfer reicht ihre Giftmenge allerdings nicht aus. Der Biss einer südamerikanischen Kammspinne kann dagegen nach ungefähr 16 Stunden auch bei einem Menschen zum schmerzhaften Tod führen. Da sie tief im Urwald zu Hause ist, trifft sie aber selten auf Menschen. Wer sich mit einer australischen Trichternetzspinne anlegt, bekommt nach 30 Stunden Übelkeit, Fieber, Wahnvorstellungen und Atemlähmung. Und da die kleine graubraune Spinne auch gerne in Städten lebt, passieren mit ihr die meisten Unfälle. Zum Glück hat seit 1981 fast jede australische Arztpraxis Gegengift auf Vorrat.

Für welches Gemälde wurde bisher am meisten Geld bezahlt?

a) 1965 kaufte Walt Disney für 350 Millionen Dollar eine kleine Skizze, die er 45 Jahre zuvor selbst angefertigt hatte. Damals verdiente er sein Geld noch mit Malerei. 2,50 Dollar verlangte er für die hingekritzelte Maus. Da aber diese Skizze der erste Entwurf für seine berühmte Mickey Mouse war, zahlte er ein Vermögen, um sie für sein Mickey-Mouse-Museum wieder zurückzubekommen.

b) »Junge mit Pfeife« heißt das Ölgemälde von Pablo Picasso, das bei einer Auktion bisher den höchsten Preis erzielte. Wenn man die Rekordsumme von 86 Millionen Euro auf die Größe des Bildes umrechnet, war dem wohlhabenden Käufer jeder Quadratzentimeter 10 617 Euro wert. Denn das Bild ist 99,7 x 81,3 cm groß.

c) Eine Belohnung von 100 Millionen Euro hat die griechische Regierung für die Wiederbeschaffung ihres wertvollsten Kulturguts ausgesetzt. Das 1987 verschollene Gemälde stellt den Philosophen Diogenes in seiner Tonne dar. Es wurde 400 v. Chr. von seinem 7-jährigen Sohn gezeichnet.

Richtig ist Antwort b)

Auch Auktionshäuser erstellen ihre »Top Ten«. Bei den ersten Zehn der teuersten Gemälde hielt sich 14 Jahre lang das »Porträt des Dr. Gachet« von Vincent van Gogh auf dem ersten Platz. 1990 hatte ein kunstbesessener japanischer Geschäftsmann bei einer Versteigerung 82,5 Millionen Dollar für das Bild geboten und den Zuschlag erhalten. Das ist besonders bitter, wenn man bedenkt, dass der Künstler selbst seinerzeit in größter Armut lebte.

Im Mai 2004 musste das bislang teuerste Gemälde der Welt auf Platz zwei rücken. Das Bild »Garçon à la pipe«, das ist französisch und heißt übersetzt »Junge mit Pfeife«, von Pablo Picasso kam bei Sotheby's, dem größten New Yorker Auktionshaus, unter den Hammer. Das nennt man so, weil eine Auktion mittels eines Hammerschlages auf ein Holzpult beendet wird und der Versteigerungsgegenstand damit an den Meistbietenden geht. Ein mysteriöser Unbekannter bekam das 100 Jahre alte Bild für 104,2 Millionen Dollar. Das sind über 80 Millionen Euro!

Wie lang ist die längste frei schwebende Brücke?

a) Die Silver Slate Bridge überspannt den 2001 m breiten Hudson River. Kurz vor Bauende glaubte der Ingenieur John Foster einen verheerenden Rechenfehler entdeckt zu haben. Er fürchtete, die Brücke würde zusammenkrachen und er hätte damit Milliarden in den Sand gesetzt. Aus Verzweiflung nahm sich der Brückenbauer das Leben und sollte nie erfahren, dass er die längste Brücke der Welt konstruiert hatte, denn es gab gar keinen Rechenfehler.

b) Die längste Brücke der Welt entstand zufällig. Die Verbindung zwischen der Türkei und Asien wurde mit zwei Brücken geplant. Eine kleine Insel im Schwarzen Meer diente als Mittelstation. Bei einem Erdbeben versank diese Insel allerdings, doch die Brücke blieb wie durch ein Wunder stehen, bis heute, obwohl sie ganze 3012 m lang ist.

c) 1990,8 m lang ist die Akashi Kaikyo Brücke in Japan, damit täglich viele tausend Japaner zum Sushi-Essen auf die Nachbarinsel fahren können.

Richtig ist Antwort c)

Die Akashi Kaikyo Brücke verbindet seit 1998 zwei der japanischen Hauptinseln miteinander. Die längste stützenfreie Strecke der Brücke, das so genannte Hauptfeld, überspannt 1990,8 m. Einen solchen Brückenschlag schafft bisher keine andere Brücke. Damit bei so langen Distanzen der Unterbau nicht zu dick wird, muss man die Brücke an Stahlseilen aufhängen. Die Stahlseile werden an hohen Stützen, den Pylonen, befestigt. Je höher diese Pylone sind, desto weiter kann man die Seile spannen. Theoretisch könnte so eine Hängekonstruktion bis zu 9 km überbrücken. Das wird allerdings teuer: Rund 5 Milliarden Euro für eine Hängebrücke muss man erst mal zusammensparen!

Als die eiffelturmhohen Pylone der Akashi Kaikyo Brücke gebaut wurden, kam es zu einem starken Erdbeben. Dabei sind ihre Fundamente um einen ganzen Meter auseinander gerutscht. Zum Glück konnte die Brücke trotzdem fertig gestellt werden.

Wo befindet sich die längste Treppe der Welt?

a) Natürlich ist die längste Treppe der Welt im höchsten Haus der Welt! Vom Keller bis zum Speicher der Petrona Twin Towers in Kuala Lumpur muss man 2884 Treppenstufen steigen. Gut, dass es auch einen Aufzug gibt!

b) Die Standseilbahn eines Berges im Berner Oberland (Schweiz) führt zum 1642 m hoch liegenden Gipfel. Wenn die Bahn mal nicht funktioniert, kann man den ganzen Weg auch auf den Stufen der längsten Treppe der Welt zurücklegen.

c) Die Himmelstreppe von Galileo Galilei ist seit fast 500 Jahren die längste Treppe der Welt. Der italienische Astronom hatte das 6,2 km lange Stufenbauwerk errichten lassen, um von möglichst weit oben die Sterne beobachten zu können.

Richtig ist Antwort b)

Die Flucht- und Wartungstreppe der Niesen-Standseilbahn in der Schweiz gilt als die längste Treppe der Welt. Im Gegensatz zu einer normalen Seilbahn, bei der die Fahrgastkabine an einem starken Seil hängt, steht die Kabine der Standseilbahn auf einem Gleis und wird von einem Seil, das zwischen den Gleisen liegt, hochgezogen. An diesen Gleisen entlang liegt die Treppe, damit man die Strecke kontrollieren kann. Zusätzlich dient sie als Fluchtweg für den Notfall. 11 674 Stufen führen so von der Talstation zum Gipfel des Niesen.

Wer anstelle der 28-minütigen Bahnfahrt oder einer 5-stündigen Wanderung lieber Treppen steigen möchte, kann dies nur an einem einzigen Tag im Jahr tun. Seit der Eröffnung der Bahn im Jahr 1990 gibt es den so genannten »Niesen-Treppenlauf«. Bei diesem Wettrennen sind gute Oberschenkelmuskeln gefragt. Der Rekord liegt bisher bei gut 52 Minuten.

Vor 150 Jahren, als es weder Seilbahn noch Treppe gab, konnten sich die wohlhabenden Gipfelstürmer für 32 Franken einen Sessel mieten, der von vier starken Männern den ganzen Berg hinaufgetragen wurde.

Wo wurde die kälteste Temperatur gemessen?

a) Die kälteste Temperatur wurde am geografischen Nordpol gemessen. Im Winter sinkt das Thermometer dort manchmal bis unter –160 °C. Die grönländischen Kaltluftströme werden nämlich hier durch die Erdanziehungskraft gebündelt.

b) Jedes Jahr in der Nacht zum 13. August kann man auf dem Berg Ahaggar in der Saharawüste die kälteste Temperatur der Erde messen. Das Kälteloch von bis zu –85 °C entsteht dadurch, dass zu diesem Zeitpunkt der höchste Berggipfel auf der nördlichen Halbkugel der Erde am weitesten von der Sonne entfernt ist.

c) Die Wissenschaftler der Klima-Forschungsstation Wostok in der Antarktis sollten warme Pullis im Gepäck haben. Temperaturen von –80 °C sind dort keine Seltenheit!

Richtig ist Antwort c)

Die russische Forschungsstation Wostok liegt im Zentrum der Antarktis. Wissenschaftler aus aller Welt erforschen hier die Klimageschichte der Erde.

Normalerweise leben und arbeiten die wissenshungrigen Forscher bei Temperaturen zwischen –30 und –60 °C. Am 21. Juli 1983 fiel das Thermometer dort auf die niedrigste Temperatur, die je auf der Welt gemessen wurde: –89,2 °C!

Seit Gründung der Station im Jahr 1974 wird im Dienst der Wissenschaft trotz der frostigen Arbeitsbedingungen fröhlich im Eis gebohrt. Bei Untersuchungen dieser Eiskernbohrungen fand man heraus, dass das bis zu 4 km dicke Packeis der Antarktis ca. 420 000 Jahre alt ist. Für die Wissenschaftler ist das Eis ein wertvolles Geschichtsbuch, denn es hat viele Informationen gespeichert, über die sie eine Menge über das vergangene Leben auf der Erde erfahren können.

Welcher ist der heißeste Planet unseres Sonnensystems?

a) Auf der Oberfläche der Venus geht es heiß her. Aus zahlreichen so genannten »Pfannkuchenvulkanen« tritt dickflüssige Lavamasse und die Durchschnittstemperatur liegt bei ca. 480 °C.

b) Der heißeste Planet ist ein Gesteinsbrocken, den Astronauten während eines Fußballspiels vom Mond aus ins All gekickt haben. Dabei ist er in die Umlaufbahn geraten, die der Sonne am nächsten liegt. Der neue Planet hat eine Temperatur von ca. 1300 °C und wurde nach dem griechischen Helden Rehakles benannt.

c) Unsere Erde wäre nicht so grün, wenn sie nicht der heißeste Planet unseres Sonnensystems wäre. Aufgrund der größeren Entfernung zur Sonne sind bei allen anderen Planeten Minusgrade bis zu –10 000 °C an der Tagesordnung. Da wächst kein Kraut mehr!

Richtig ist Antwort a)

Im Gegensatz zu Sternen, die aus Gas bestehen und von selbst leuchten, sind Planeten feste Himmelskörper. Neun solcher Planeten umkreisen unsere Sonne: Jupiter, Mars, Neptun, Pluto, Uranus, Saturn, Merkur, Venus und unsere Erde, die als Einzige nicht nach einer griechischen Gottheit benannt wurde.

All diese Planeten unterscheiden sich voneinander und jeder hat besondere Merkmale. Pluto ist zum Beispiel der kleinste Planet, Jupiter der größte und Merkur saust auf seiner Bahn doppelt so schnell wie die Erde.

Die Venus kann man mit bloßem Auge erkennen, denn neben Sonne und Mond ist sie das hellste Objekt am Himmel. Auf ihrer Oberfläche herrschen äußerst ungemütliche Zustände, sodass von einer Reise zu ihr nur abgeraten werden kann. Der Druck von 90 Atmosphären (das entspricht dem Druck, der 1000 m unter der Meeresoberfläche besteht) würde einen Menschen zerschmettern. Ihre Kohlendioxidschicht würde ihn ersticken und Schwefelsäuredampf seinen Körper zersetzen. Und außerdem würde der Venustourist auf dem heißesten Planeten unseres Sonnensystems bei 480 °C verbrennen. Da schmilzt sogar Blei!

Wer hat das größte Gehirn?

a) In dem 6 m langen Kopf eines Pottwals hat ein großes Gehirn Platz. Es bringt bis zu 9,5 kg auf die Waage.

b) Die Galapagos-Riesenschildkröte hat zwar einen winzigen Kopf, aber trotzdem ein größeres Gehirn als alle anderen Lebewesen. Sie trägt das 25 kg schwere Organ nämlich gut geschützt unter ihrem Panzer.

c) 2,5 kg wiegt ein Rhinozeros-Hirn. Das ist nicht besonders viel, aber die riesigen Nashörner sind in ihrer Entwicklung immer noch nah an den Dinosauriern und haben deswegen vier Gehirne. Zusammengezählt macht das 10 kg Denkapparat.

Richtig ist Antwort a)

Ein ausgewachsenes Pottwalmännchen wird bis zu 20 m lang und 50 t schwer. Das sind 50 000 kg! Der Kopf des riesigen Meeressäugetieres misst ein Drittel der Gesamtgröße, also über 6 m. In diesem Quadratschädel findet man das größte Gehirn aller Lebewesen auf der Erde. Es wiegt stolze 9,5 kg.

Aber halt – so groß ist das gar nicht! Wenn man nämlich das Verhältnis der gesamten Körpermasse zur Gehirnmasse betrachtet, kommt der schwimmende Riese ziemlich schlecht weg. Ein Mensch denkt zum Beispiel mit einem durchschnittlich 1300 g schweren Hirn. Das sind etwa 2,1 % seines gesamten Körpers. Eine Maus hat mit 0,4 g Gewicht sogar 3,2 % im Köpfchen. Beim Pottwal hingegen machen Gewicht und Volumen des Gehirns nur 0,021 % seines gigantischen Körpers aus.

Offensichtlich reicht das aber, um schlau zu sein. Denn wie ihre nahen Verwandten, die Delfine, sind Pottwale sehr kluge Tiere.

Wie lautet der häufigste deutsche Nachname?

a) Kaum zu glauben, aber wahr: Der häufigste deutsche Name ist zugleich der häufigste chinesische Nachname. Denn da im Mittelalter unzählige Deutsche nach China auswanderten, besitzen auch heute noch ungefähr 2 Millionen Chinesen die deutsche Staatsbürgerschaft. Davon tragen etwas mehr als die Hälfte den Namen »Chan«.

b) Von 28 Millionen erfassten Telefonbesitzern in Deutschland hören 285 003 auf den Namen Müller. Wenn man die Familienmitglieder ohne eigenen Telefonanschluss noch dazuzählt, sind es rund 700 000.

c) 1,3 Millionen Deutsche werden zukünftig Schmit heißen, sobald die neueste Rechtschreibreform in Kraft getreten ist. Die Namen Schmidt, Schmid, Schmitt und Schmit werden nämlich der Einfachheit halber zusammengefasst.

Richtig ist Antwort b)

Als im Mittelalter die meisten Menschen noch auf dem Land oder in kleinen Städten wohnten, waren Nachnamen eine Seltenheit. Doch dann wuchsen die Städte. Im Jahr 1200 lebten in Köln zum Beispiel schon um die 15 000 Bürger. Da war es ganz schön schwierig, unter den vielen Johanns und Heinrichs den Richtigen zu finden! Ein zweiter Name konnte Abhilfe schaffen. Zuerst war es üblich, den Namen des Vaters zum Taufnamen hinzuzufügen: Hans, Sohn von Peter. Daraus wurde Hans Petersohn, kurz: Hans Petersen. In Island macht man das heute noch so.

Auch der Herkunftsort oder persönliche Eigenheiten, wie zum Beispiel »lang« oder »schön«, konnten Beinamen werden. Und dann wurde natürlich auch der Beruf verwendet, um festzulegen, um was für einen Menschen es sich handelt. Wilhelm der Müller zum Beispiel wurde kurz Wilhelm Müller genannt.

Heute gibt es in Deutschland etwa 900 000 verschiedene Familiennamen. Der häufigste von allen ist Müller (9,5 %), vor Schmidt und Schneider. Tja, damals wurde eben mehr gemahlen als geschmiedet und geschneidert.

Wie heißt der kleinste menschliche Muskel?

a) Unser kleinster Muskel ist der Harnröhrenschließmuskel. Hätten wir ihn nicht, würden wir uns ständig in die Hose machen. Der 7–8 mm lange Ringmuskel hält das Pipi in der Blase.

b) Die Milchzähne fallen nicht von alleine raus, sie werden von 0,5 mm großen Wackelzahnmuskeln gelockert. So wird die Zahnfee nie arbeitslos.

c) Wenn es uns zu laut wird, greift der 7 mm lange Steigbügelmuskel im Mittelohr ein. Er dämpft den Lärm, indem er die Knöchelchen festhält, die den Schall übertragen.

Richtig ist Antwort c)

Der Steigbügelmuskel ist mit 7 mm Länge der kleinste von rund 650 Muskeln im menschlichen Körper. Bei lautem Krach erhält er vom Gesichtsnerv das Kommando: Steigbügel festhalten!

Hammer, Amboss und Steigbügel heißen die kleinen Knöchelchen im Mittelohr. Sie übertragen den Schall vom Trommelfell zum Innenohr, von wo aus er zum Gehirn weitergesendet wird. Der Steigbügelmuskel kann den Steigbügel festhalten, indem er sich zusammenzieht. Die Schwingung wird dadurch gestört und das Geräusch gedämpft.

Man teilt die Muskeln übrigens in zwei Gruppen: einmal die »Quergestreiften«, die von uns beliebig gesteuert werden können. Dazu gehört zum Beispiel der stärkste Muskel, der Kaumuskel. Und dann die »Glatten«, zu denen auch der Steigbügelmuskel gehört. Diese lassen sich nicht bewusst kontrollieren und bewegen sich ganz von selbst. Am häufigsten tut dies der Augenmuskel, der sich ca. 100 000-mal in 24 Stunden zusammenzieht.

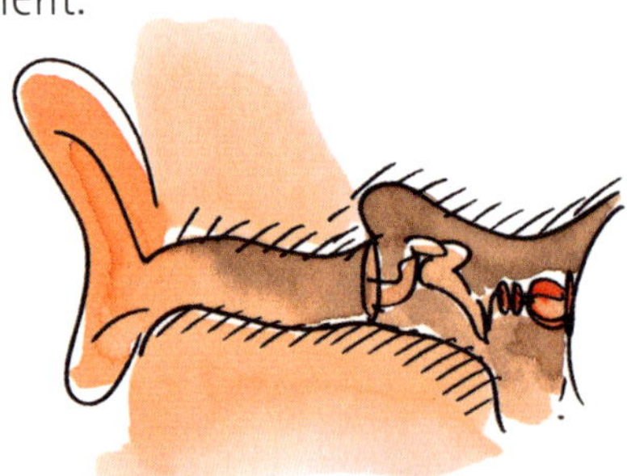

Welches Tier springt am höchsten?

a) Der Floh war bisher immer der große Springer unter den Tieren. Nach neuesten Erkenntnissen scheint allerdings die Wiesenschaumzikade eine noch größere Springmeisterin zu sein.

b) Ein australisches Riesenkängurumännchen springt bis zu 8 m hoch, um ein Frauenherz zu gewinnen. Denn nur so gelangt das verliebte Tier an die leckeren Eukalyptusfrüchte, die es der Angebeteten in den Beutel schiebt. Wer könnte da noch widerstehen?

c) Die Seespringgurke stößt sich vom Meeresgrund ab und erreicht eine Sprunghöhe von bis zu 500 m, bevor sie wieder auf den Boden zurücksinkt. Während des Sprungs frisst sie Algen und Plankton. Durch den Widerstand des Wassers bewegt sie sich beim Springen allerdings nicht schneller als eine Schnecke.

Richtig ist Antwort a)

Ein Floh ist 1 mm groß und springt ungefähr 20 cm hoch. Weil er damit 200-mal so hoch springen kann, wie er groß ist, galt er bislang als Weltmeister im Hochsprung.

Wissenschaftler haben nun ein anderes Sprungtalent entdeckt: Die Wiesenschaumzikade ist 6 mm groß und kann bis zu 70 cm hoch hüpfen. Doch mit 0,012 g Gewicht ist sie im Verhältnis zum Floh viel schwerer. Mit komplizierten Berechnungen hat man nun die Sprungkraft der beiden im Verhältnis zu Größe und Gewicht herausgefunden. Die Wiesenschaumzikade erreicht mit einem Satz das 414fache der Erdanziehungskraft, ein Floh dagegen gerade mal das 135fache.

Derart große Sprünge macht das unscheinbare braune Tierchen mit einer ausgeklügelten Technik: Die hintersten zwei ihrer sechs Beine werden mit kleinen Borsten unter dem Bauch verhakt. Dann richtet die Schaumzikade den Oberkörper auf, die Muskeln dehnen sich, die Verankerung löst sich wie bei einem Katapult und unsere Hochsprungmeisterin schnellt ihrem nächsten Rekord entgegen.

Welches Lebewesen wohnt am tiefsten Punkt der Erde?

a) An der tiefsten Stelle der Erde wohnt ein Schwein. Sein druckfester Eisenstall wird durch Schläuche mit Sauerstoff und Futter versorgt und geputzt. Amerikanische Forscher beobachten das »Tiefsee-Schwein« seit Anfang 2003, um Erkenntnisse über das Leben in anderen Atmosphären zu gewinnen.

b) Der japanische Tauchroboter Kaiko brachte 2002 eine klitzekleine Probe vom tiefsten Punkt des Pazifischen Ozeans an Land. Unter dem Mikroskop konnte man entdecken, dass dort einzellige Kammerlinge aus der Familie der Wurzelfüßer leben.

c) Sagenhafte Meeresungeheuer gibt es nicht nur im Film. An der Pazifikküste wurde 1899 eine tote Riesenkrake mit 38 m langen Armen gefunden. Die gigantischen Oktopusse sind in ca. 11 km Tiefe zu Hause und damit die am tiefsten Punkt lebenden Lebewesen.

Richtig ist Antwort b)

Bis vor kurzem dachte man noch, dass ein Leben 10 km unter dem Meeresspiegel nicht mehr möglich sei. Seitdem Roboter entwickelt wurden, die so weit tauchen können, weiß man es allerdings besser.

Der Bereich von 6000 m Tiefe abwärts heißt »Hadal«, von der altgriechischen Bezeichnung »Hades« für die Unterwelt. Hier ist es stockfinster und es herrscht ein enormer Druck durch die darüber liegende Wassermenge. Je tiefer es wird, desto seltsamer und seltener werden die Hadalbewohner. Fast alles Essbare haben schon die Kollegen der oberen Meeresstockwerke verspeist. Wer unten haust, muss für eine Mahlzeit in die Trickkiste greifen. So lockt der Anglerfisch mit einer durch Bakterien beleuchteten Angel seine Opfer an.

Im Keller, also im Meeresboden, leben nur noch die Kammerlinge, das sind winzige röhrenförmige Einzeller. Sie leben an der tiefsten Stelle des Pazifiks im Marianengraben, 10 896 m unter dem Meeresspiegel – dem tiefsten Punkt der Erde.

Welches ist die älteste Mumie der Welt?

a) Die älteste bisher gefundene Mumie ist das Lieblingsnilpferd des ägyptischen Pharao Tut an Imun. Das an einem vergoldeten Apfel erstickte Tier wurde 2450 v. Chr. einbalsamiert und diente dann im Schlafzimmer seines Besitzers als Kleiderablage.

b) Die Chinchorro, ein peruanischer Volksstamm, stellten ihre Verstorbenen in den Wüstensand, um sie anzubeten. Dies vermutet man, weil die meisten ihrer Mumien beschädigte Füße haben. Die älteste von ihnen ist 7050 Jahre alt.

c) 1974 fanden Torfstecher im schottischen Hochmoor die mumifizierten Leichen zweier Kinder. Wissenschaftliche Untersuchungen haben ergeben, dass sich die beiden Geschwister vor 5400 Jahren beim Pilzesuchen verirrten und erfroren.

Richtig ist Antwort b)

Eine Leiche zerfällt innerhalb von 25 Jahren zu Staub. Wenn diese Zersetzung nicht stattfindet, nennt man den Leichnam »Mumie«. Eine Mumifizierung kann durch extreme Temperaturen eintreten. Ein Beispiel ist Ötzi, der vor 5300 Jahren im Eis festfror. Auch säurehaltiges Moorwasser kann die Zersetzung stoppen: Es gibt Moorleichen, die viele hundert Jahre alt sind.

Tote können aber auch auf künstliche Weise mumifiziert werden, wie zum Beispiel bei den alten Ägyptern. Sie trockneten ihre Leichen mit Pökelsalz. Vorher mussten sie die Toten völlig entleeren. Dann wurden sie mit Kräutern ausgestopft und in Leinen gewickelt.

Aber schon 2000 Jahre zuvor hatten die Chinchorro, ein Volk im heutigen Südamerika, eine ähnliche Methode entwickelt. Statt in Stoff packten sie ihre Toten nach dem Trocknen in Ton. Sie malten sie an und stellten sie – vermutlich um sie zu ehren – im Wüstensand auf. Das nimmt man an, weil ihre Füße beschädigt sind. Bei Ausgrabungen entdeckten Archäologen 280 Mumien. Die älteste von ihnen, ein Kind, ist 7050 Jahre alt!